Jacques Babinet

De la Pluralité des Mondes

essai

ISBN : 978-1540552372

10 9 8 7 6 5 4 3 2 1

Jacques Babinet

De la Pluralité des Mondes

essai

Table de Matières

De la Pluralité des Mondes

C'est une idée fort ancienne que la terre n'est pas le seul monde habité. Tout le monde connaît cette prétendue exclamation d'Alexandre, qui, apprenant l'existence de populations autres que celle de notre globe, s'écria : » Ah ! malheureux ! je ne puis les conquérir ! » Juvénal cite très sérieusement cette anecdote : « Un monde seul, dit-il, ne suffit pas à l'ambition du jeune conquérant macédonien. Le malheureux ! Il étouffe dans les étroites limites du monde, comme s'il était confiné sur les écueils de Gyare ou dans la petite île de Sériphe. »

Unus Pellœo juveni non sufficit orbis ;

Æstuat infelix augusto in limine mundi

Ut Gyarae clausus scopulis, parvâque Seripho.

Plusieurs auteurs ont même dit que c'étaient les habitants de la lune que menaçait l'humeur belliqueuse du disciple d'Aristote. Au reste, s'il n'y avait pas d'hommes dans la lune, il est certain qu'il y avait des lions, puisque celui de Némée, s'étant trop approché du bord de cet astre, avait perdu pied et avait sauté dans le Péloponnèse, où il fut tué par Hercule.

Revenant à l'antiquité, nous ferons observer qu'il est facile d'y faire remonter toute idée spéculative. L'imagination va toujours plus vite que l'observation, et l'assertion devance la preuve. Or les anciens, en toute chose, ont dit le pour et le contre ; plus soigneux de faire de l'éloquence que d'arriver à la vérité, ils ont laissé tout indécis. Ce n'est donc pas une grande recommandation, pour une théorie quelconque, que d'avoir son origine dans l'antiquité, puisque l'opinion contraire pourrait également prétendre au même avantage. La Grèce était le pays des philosophes, ou, si l'on veut, des raisonneurs, et, comme disait Cicéron, « il n'est rien de si absurde qui n'ait trouvé quelque philosophe pour le soutenir. »

Qu'on nous permette d'insister sur le peu d'importance que les philosophes attachaient anciennement aux notions exactes sur le système du monde. Aristote, ce génie profond en tout, mentionne avec une incroyable indifférence les idées pythagoriciennes qui plaçaient le soleil au centre des mouvements planétaires. Il a donc connu parfaitement cette théorie, aussi simple que conforme à

Jacques Babinet

toutes les observations ; il en parle en passant et sans s'y arrêter, sans avoir l'air d'en sentir l'importance. Bien des siècles après, Ptolémée met au rang des planètes, qui, suivant lui, tournent à l'entour de la terre, Mercure, Vénus, le Soleil, Mars, Jupiter et Saturne, et même la Lune ! Peu lui importe que le soleil soit immensément gros, qu'il soit lumineux par lui-même, qu'il nous envoie l'étonnante quantité de chaleur qui fait nos saisons, nos climats et la vie tout entière à la surface de notre globe. Voilà cet astre si différent des autres, si exceptionnel en tout, qui prend son rang, son cercle, ses *épicycles*, comme la plus petite des planètes ; c'est à peu près comme si on comptait un éléphant parmi les individus d'un clapier de lapins. La lune, qui ne ressemble pas plus au soleil qu'aux planètes, se trouva de même assimilée à une planète dans cette incroyable confusion, et le genre humain, fermant les yeux aux lumières de l'école de Pythagore, vit sur cette étrange doctrine pendant douze ou treize siècles, excusant par une crédulité aveugle l'ignorance de ses instituteurs !

Cependant, lorsqu'après la publication de l'ouvrage de Copernic le télescope, inventé en Hollande au commencement du XVIIe siècle, eut été dirigé par Galilée vers les corps célestes, et qu'on eut reconnu d'immenses différences entre des astres qui, à la vue simple, se ressemblent tous et ne paraissent que comme des points brillants, il n'y eut plus moyen de soutenir les vieilles doctrines, et l'on fut forcé, par l'inspection immédiate, d'admettre toutes les vérités que la logique avait inutilement proclamées. Toutes les étoiles ne furent plus que des points brillants sans grosseur appréciable, comme le serait notre soleil, s'il était quelques centaines de mille fois plus éloigné de la terre. Toutes les planètes au contraire prirent des dimensions considérables ; elles s'arrondirent en globes semblables au nôtre. Ces globes, d'après leur distance, furent reconnus les uns plus grands, les autres plus petits que la terre. On y vit le jour naître et finir pour chaque localité, et le soleil se lever et se coucher. On les vit tourner sur eux-mêmes comme la terre, et par suite avoir des jours et des nuits comme nous les avons ici. On vit des nuages flotter dans leurs atmosphères, et des orages s'y former. Sur Jupiter, des taches d'un blanc éclatant, qui duraient peu, semblèrent à Cassini être des tapis de neige qui fondait ensuite. Les traces des vents réglés, analogues à ceux de notre terre, s'y laissèrent apercevoir ;

De la Pluralité des Mondes

on dessina les continents et les mers des planètes ; enfin dans Mars, voisin de notre globe, et qui ressemble à celui-ci pour l'ensemble des climats, on vit les glaces polaires se former, et les contrées qui avaient l'hiver se recouvrir de frimas, tandis qu'au pôle opposé, qui avait la saison chaude, les neiges fondaient, et la coupole de glace et de neige se rétrécissait considérablement. C'est ainsi que, contemplant notre terre, les habitants de Mars peuvent, pendant notre hiver, apercevoir la neige qui la couvre jusque vers le milieu de la France ; ils voient ensuite pendant l'été cette neige fondre graduellement et se resserrer jusqu'aux limites septentrionales de l'Europe.

L'assimilation des planètes avec la terre fut donc généralement et tacitement adoptée. En effet, après avoir reconnu qu'une planète était toute semblable à la terre, admettre que, comme la terre, elle était peuplée d'êtres vivants, — cela était infiniment plus facile que de reconnaître qu'un astre brillant, qui, à l'œil nu, ne différait pas d'une étoile, était en réalité une masse solide, étendue, recouverte d'une atmosphère, partagée en continents et en mers, empruntant comme la terre sa chaleur et ses climats au soleil, et enfin de tout point pareille à notre globe, sauf la grosseur, qui était tantôt au-dessus, tantôt au-dessous. L'idée d'êtres vivants répandus sur des contrées semblables aux nôtres se présentait si naturellement, qu'il n'était même pas besoin de l'indiquer à ceux auxquels on apprenait ce que le télescope avait fait découvrir sur la nature des planètes. Chacun des mondes nouveaux, une fois bien reconnu, était pour ainsi dire peuplé par l'imagination, guidée par l'analogie. Lorsque Galilée eut le bonheur de contempler, lui, le premier d'entre les hommes, toutes les merveilles que révélait le télescope, il publia un petit opuscule dont l'effet fut prodigieux : c'était le *Nuntius sidereus*, c'est-à-dire le messager ou le courrier des astres, ce qui répond encore au titre de *nouvelles du ciel*. Les télescopes modernes, en se perfectionnant, n'ont fait que développer et confirmer toutes les ressemblances planétaires que Galilée apercevait, et que ses prédécesseurs n'avaient pu soupçonner que par le raisonnement.

Une des analogies qui frappèrent le plus l'esprit de tous les penseurs, ce fut, il faut le dire tout de suite, la découverte des lunes que les autres planètes possèdent comme la terre. Avant le télescope, personne ne se serait avisé de chercher à voir les lunes

Jacques Babinet

ou satellites de Jupiter, que très peu de vues privilégiées peuvent entrevoir sans le secours des lunettes astronomiques. Aussi notre lune était-elle un grand embarras pour le classement général des astres dans le système du monde. Elle est très voisine de la terre, ce qui lui donne une grosseur apparente presque égale à celle du soleil, lequel est quelque chose comme soixante-dix millions de fois plus volumineux que la lune. Les montagnes et les vallées de notre satellite, les plaines, les cratères volcaniques, les coulées de lave, les escarpements, les pics aigus, les fentes de terrain, les ombres des montagnes, les rochers, même d'une dimension médiocre, tout s'y distingue parfaitement. Molière fait dire à l'un des personnages des *Femmes savantes* :

Je n'ai point encore vu d'hommes, comme je crois ;
Mais j'ai vu des clochers tout comme je vous vois.

Ce que Galilée ne pouvait faire avec sa petite lunette, qui, avec son pied, pouvait être enlevée par un enfant, ce que Huygens et Cassini ne pouvaient faire avec des lunettes longues de vingt, de trente, de cent pieds, Herschel et le comte de Rosse l'ont exécuté de nos jours. Le télescope de ce dernier a une ouverture de deux mètres et repose sur une espèce de tour ou plutôt de fortification à créneaux dont les murs ont de soixante à quatre-vingts pieds du nord au sud, et une cinquantaine de pieds de hauteur. On calcule facilement qu'un géant qui aurait la pupille de l'œil égale à l'ouverture du télescope de lord Rosse serait haut de cent cinquante mètres environ, car la hauteur du corps est à peu près soixante-quinze fois le diamètre de la pupille ou prunelle de l'œil, ce qui, pour une pupille de deux mètres d'ouverture, entraînerait une taille de cent cinquante mètres. Avec ce télescope, on verrait facilement une cathédrale lunaire ou une construction, de mêmes dimensions. Rien de pareil n'a été vu ; mais nous reviendrons là-dessus tout à l'heure.

Tandis que, dans le système de Copernic et de Pythagore, la masse immense du soleil, quatorze cent mille fois plus volumineux que la terre, occupe le centre des mouvements planétaires, que les planètes circulent à l'entour de cet astre exceptionnellement massif, chaud et lumineux, que devenait la lune tournant autour de la terre passée au rang des planètes, et accompagnant notre globe dans son mouvement circulaire autour du soleil ? Pourquoi cet astre était-il, contre toutes les analogies, subordonné à la terre, et pourquoi la terre avait-elle le privilège de se faire suivre par une espèce de planète secondaire dont elle dominait les mouvements, et qu'elle faisait tourner autour d'elle, comme elle tournait elle-même autour du soleil ? Sans doute cette domination était flatteuse pour notre planète, qui imposait ainsi ses lois à une espèce de serviteur, à peu près comme les courtisans imposent à leur domesticité la domination qu'ils subissent eux-mêmes de la part du souverain. On avait donc, à partir du soleil, d'abord Mercure, ensuite Vénus, ensuite notre terre sous le nom de Cybèle, ensuite Mars, puis Jupiter et Saturne ; mais, encore un coup, comment se faisait-il que la terre fût accompagnée de la lune, tandis que les autres planètes ne montraient rien de pareil ? Plus de la moitié du XVIe siècle, entre Copernic et Galilée, fut embarrassée de cette contre-analogie lunaire. Enfin le *Nuntius sidereus* de Galilée, cette gazette du ciel, apprit à l'univers que la terre n'était pas seule accompagnée d'un astre secondaire, d'une lune : Galilée en avait vu quatre à Jupiter. Cette immense planète, trois cents fois plus grosse que la terre, avait quatre satellites, quatre lunes, quatre petits astres secondaires. Plus tard les astronomes reconnurent huit lunes à Saturne. Uranus et Neptune, qui ne figuraient pas encore au nombre des planètes, furent aussi reconnus plus tard comme suivis ou entourés de lunes ou satellites. L'analogie était partout, la terre n'avait rien d'exceptionnel, et si elle était habitée, pourquoi les autres planètes qui lui ressemblaient en tout ne le seraient-elles pas ? Ajoutons de plus que l'orgueil légitime de la race humaine, qui sent à juste titre sa prééminence sur les êtres matériels, portait naturellement à faire le raisonnement suivant : l'homme étant le roi de la création qu'il domine et celle-ci semblant faite pour lui, à quoi servirait la création de tant d'autres globes pareils, s'ils n'étaient peuplés non-seulement d'animaux vivants, mais même d'êtres raisonnables ? Un pas de plus, on y aurait admis les clochers de Molière. Réservons encore là-dessus l'exposé des notions acquises par la science et les conclusions que nous aurons à en tirer.

Tandis que Cassini et Huygens, devenus Français par les bienfaits de Louis XIV, qui les avait appelés en France, complétaient par l'observation les spéculations de Pythagore et de Copernic et les découvertes optiques de Galilée ; — tandis que s'établissait l'opinion

Jacques Babinet

qui attribuait des habitants, et même des habitants doués de raison, aux autres planètes comme à notre terre, — Fontenelle, qui suivant Voltaire faisait de petits vers et de grands calculs, Fontenelle, de l'Académie française et secrétaire perpétuel de l'Académie des sciences, non moins savant astronome qu'écrivain élégant, Fontenelle, disons-nous, se laissa tenter à l'attrait piquant d'une composition philosophique qui, tout en ne se défendant pas trop de l'objection de paradoxe, put offrir sous une forme populaire un grand nombre de vérités scientifiques. Beaucoup d'auteurs latins et français avaient, comme anciennement Aristote, décrit le ciel et ses immensités, ils avaient mesuré les astres et entassé les formules d'admiration pour l'espace qui les sépare, pour leur grosseur, pour la régularité de leur marche, et enfin pour les milliers de siècles qui règlent les périodes célestes. On peut voir un exposé de ce genre dans les œuvres de La Bruyère ; mais là, comme dans l'ouvrage bien plus spécial de Huygens, intitulé *Cosmotheoros*, tout est, pour ainsi dire, exclusivement scientifique, et, on peut le dire, assez peu intéressant pour nous autres habitants de la terre. Huygens, qui a écrit un peu après Fontenelle, ne semble pas avoir suivi les idées de son prédécesseur : il n'a pas admis le moindre doute sur les habitants des planètes, et on peut dire qu'il a poussé outre mesure leur analogie avec les habitants de la terre.

L'ouvrage latin d'Huygens, qui ne fut publié qu'après sa mort, est passé presque inaperçu. Il y en a cependant deux traductions françaises, dont l'une a été publiée en Hollande sous le même litre que l'ouvrage de Fontenelle, savoir *de la Pluralité des Mondes*. Ce dernier, publié en 1686 et complété en 1719 par un dernier chapitre, fut traduit dans toutes les langues et conquit une célébrité qu'aucun ouvrage purement scientifique n'atteignit jamais. Quoique écrit dans le système des tourbillons de Descartes, la partie théorique est tellement indépendante au fond des spéculations que l'attraction de Newton devait bientôt détrôner, qu'il serait très facile de faire disparaître ces légers emprunts, faits, pour ainsi dire, par condescendance aux idées alors régnantes, sans altérer en rien ni la contexture, ni les conclusions de l'ouvrage. Toutes les mêmes analogies que présente une étoile ou un soleil - centre d'un tourbillon qui fait tourner les planètes autour de lui - subsisteraient pour une étoile ou un soleil - retenant par son attraction et faisant ainsi tourner autour de lui ces mêmes planètes accompagnées de leurs lunes ou satellites. Fontenelle, comme on sait, disait que s'il tenait des vérités dans sa main fermée, il se garderait, bien de l'ouvrir ; on imaginera donc facilement que s'il a ouvert la main pour laisser échapper ce qui était déjà pour beaucoup de monde une vérité, savoir, la pluralité des mondes, il ne l'aura ouverte qu'avec ménagement et de manière à ne blesser aucune des susceptibilités qu'auraient pu alarmer des conséquences trop hardies déduites des principes qu'il établissait. L'ouvrage originairement ne comprenait que cinq entretiens ou chapitres. Dans une édition subséquente, il y ajouta un sixième entretien, destiné *à confirmer ce que contenaient les entretiens précédents* ; mais on y trouve la prudente recommandation de ne point s'entêter à soutenir devant les indifférents ou les esprits hostiles la pluralité des mondes, en acceptant volontiers le reproche de paradoxe, et sacrifiant expressément l'amour de la vérité à l'amour de la paix. Sur le reproche que lui fait en propres termes son interlocuteur ou plutôt son interlocutrice, que ne pas soutenir ses opinions c'est trahir la vérité et n'avoir pas de conscience, il avoue *qu'il n'a pas un grand zèle pour ces vérités-là, et qu'il les sacrifie volontiers aux moindres contenances de la société.*

On en était là sur la pluralité des mondes, lorsqu'en 1853 un révérend anglais, M. Whewell, homme d'une grande autorité scientifique et dont le nom n'a pas été mis en tête de son ouvrage, avoué cependant hautement par l'auteur, livra au public un *Essai sur la Pluralité des Mondes (of the Plurality of Worlds, an essay).* Cet essai aurait dû avoir justement le titre contraire, savoir : « de la non-pluralité des mondes. » Notre terre y est représentée comme le seul lieu de notre monde solaire, et même de l'univers entier, qui possède des êtres vivants doués de raison. Les planètes plus rapprochées que nous du soleil ne peuvent avoir d'habitants raisonnables, elles sont trop près du soleil. Celles qui sont au-dessus de la terre subissent la même exclusion, à raison d'une trop grande distance. Enfin tous les soleils, par analogie avec le nôtre, étant généralement considérés comme ayant autour d'eux des planètes avec ou sans lunes, ces planètes-là sont également dépeuplées d'êtres pensants par le savant théologien anglais. M. Whewell, dont le nom n'est un mystère pour personne, possède une érudition

Jacques Babinet

scientifique des plus étendues ; aussi appelle-t-il avec la théologie, au secours de son opinion, les observations du naturaliste armé du microscope, du géologue qui embrasse toutes les périodes des catastrophes terrestres, de l'astronome aidé du télescope, enfin tout ce que la métaphysique peut faire présumer à priori sur l'unité de l'univers, d'après cette pensée, plus ou moins expressément énoncée par beaucoup de bons esprits, — qu'il ne peut y avoir contradiction entre deux vérités acquises même par des voies très-différentes, et qu'ainsi une vérité métaphysique peut contrôler une assertion conclue de l'observation du monde matériel. Néanmoins, comme cette série d'idées nous jetterait dans la question si controversée des causes finales, nous ne la poursuivrons pas plus loin, même dans son expression la plus simple, savoir : qu'il n'y a rien d'absurde dans l'univers, et que, par suite, rien de ce qui contrarierait formellement les notions métaphysiques que nous avons de la nature des êtres ne peut exister.

De profonds penseurs, partant de cette idée, que ce qui paraît à l'imagination ou convenable, ou probable, ou possible, existe peut-être réellement, ont été conduits à classer les aperçus métaphysiques parmi les moyens d'investigation les plus efficaces, même dans le monde physique. Ils les regardent comme pouvant mettre sur la voie de recherches importantes, qui, si elles sont couronnées de succès, ajouteront de riches acquisitions au trésor que l'esprit humain a déjà accumulé dans la science de la nature, C'est ainsi que ces principes généraux, que la nature ne fait rien en vain, qu'elle opère toujours avec la moindre dépense possible de force, dans le moindre temps, par le chemin le plus court, et enfin avec la moindre action et la plus grande stabilité possible ; — tous ces principes, disons-nous, traduits en calculs et vérifiés par les recherches, ont conduit aux plus brillantes découvertes dans toutes les sciences d'observation. Nous nous bornons aujourd'hui à indiquer cette thèse, nous réservant un jour de la développer ici même.

L'ouvrage du docteur Whewell sur la pluralité, ou plutôt, comme nous l'avons dit, sur la non-pluralité des mondes, a donné naissance en 1854 à un ouvrage tout à fait contraire du célèbre physicien sir David Brewster, l'un des huit associés que l'Institut de France choisit parmi les célébrités scientifiques du monde entier.

De la Pluralité des Mondes

Les découvertes de sir David dans l'optique sont bien connues, et il a peu de rivaux dans cette science si voisine de l'astronomie, puisque c'est principalement et presque exclusivement par leur lumière que les astres sont en relation avec nous. Son ouvrage ou plutôt sa réponse est intitulé : *More worlds than one ; the creed of the philosopher and the hope of the christian*, c'est-à-dire « le monde n'est pas unique, c'est le *credo* du philosophe et l'espérance du chrétien. » Les conclusions de cet ouvrage sont parfaitement l'opposé de celles de l'auteur de l'*Essai*. Le docteur Brewster énonce lui-même qu'il l'a composé en réponse au livre de M. Whewell, et il pense que son ouvrage aura pour effet de soutenir le respect et la considération qu'avaient justement mérités les grandes découvertes faites depuis un siècle dans l'astronomie sidérale. C'est en ces termes que l'ouvrage a été présenté à l'Institut, le 31 juillet 1854, par l'auteur de cette étude. Quoique M. Brewster ne soit pas, comme son antagoniste, un théologien de profession, les convenances religieuses n'y sont guère invoquées moins souvent, ce qui n'étonnera pas, lorsqu'on saura que dans leurs sermons les prédicateurs protestants ont l'habitude de développer beaucoup de thèses appartenant aux sciences d'observation ; on cite dans ce genre un sermon du docteur Bentley, qui reçut de Newton lui-même les instructions nécessaires pour le composer.

Pour nous autres Français, peu habitués à ce mélange du sacré et du profane, il nous suffira, en opposant un docteur à l'autre, d'examiner la question de la pluralité des mondes indépendamment de toute opinion théologique. M. Whewell et M. Brewster conviennent l'un et l'autre que la foi chrétienne n'y est pas essentiellement intéressée, mais évidemment ils ne font cette déclaration qu'à regret. Ce sont donc d'autres autorités qu'il faut appeler à prononcer dans un pareil débat. Souvenons-nous que dans des matières bien moins étrangères à la théologie, Pascal disait qu'*il était plus facile de trouver des capucins que des raisons.*

Les deux ouvrages que nous venons de citer, et que nous avons reçus directement de leurs célèbres auteurs, ont fait en Angleterre une immense sensation ; les éditions à plusieurs milliers d'exemplaires se sont succédé rapidement. Plusieurs métaphysiciens trouvaient commode de n'admettre l'âme et la pensée que dans notre système solaire, et même exclusivement sur notre planète seule. Ils s'ôtaient ainsi tout embarras par rapport à ces êtres intelligents dont on n'avait plus besoin alors de rechercher la nature, analogue ou non à la nôtre, et la destination future. D'autres criaient à l'inutilité d'une si vaste création de mondes physiques, de soleils, de planètes, de lunes, pour arriver seulement à peupler d'êtres pensants notre terre, c'est-à-dire l'une des plus petites planètes qui tourne autour de l'un des cent millions de soleils que notre vue peut atteindre et nos instruments cataloguer. Comme ici les faits ne peuvent parler, puisque nous n'apercevrons probablement jamais ni les habitants des autres planètes, ni même leurs travaux, c'est aux convenances métaphysiques qu'il faut s'adresser pour avoir l'opinion la plus certaine, ou, suivant l'expression des théologiens, l'opinion la plus probable sur l'existence des êtres vivants, ou vivants et raisonnables, ailleurs que sur notre terre.

C'est une notion maintenant vulgaire que toutes les planètes qui forment le cortège du soleil sont analogues à notre terre. Or, sur cette dernière, depuis une période de siècles presque infinie, la vie a paru et s'est développée sous l'empire de circonstances météorologiques bien différentes de celles qui se sont produites à l'époque de la dernière catastrophe qui depuis un petit nombre de milliers d'années a établi sur notre globe l'ordre physique qui y règne actuellement. Des eaux bouillantes sur un sol incandescent, une atmosphère souillée de mille gaz impurs et d'autant plus chaude qu'elle était plus épaisse, constituaient, à l'origine des dépôts des terrains tertiaires, des dissemblances bien plus tranchées entre la terre ancienne et la terre actuelle que nous n'en pouvons supposer entre cette dernière et les autres planètes à leur état présent, et cependant la vie y prenait naissance. Ainsi rien ne milite contre la probabilité que les planètes contiennent des êtres vivants : on ne peut se refuser à l'idée que la terre ait été faite pour être habitée par des êtres vivants, puisqu'il y a une telle harmonie entre ces êtres et les climats de notre planète, que l'idée d'habitation se lie immédiatement à l'idée d'habitabilité, et que, puisque nous reconnaissons les planètes comme habitables, il est presque certain qu'elles sont habitées : autrement à quoi servirait leur habitabilité ?

Il n'entre pas dans notre plan d'énumérer toutes les analogies qui existent entre notre terre et les planètes, et qui sont autant d'arguments en faveur de l'existence d'êtres vivants à leur surface ;

De la Pluralité des Mondes

car, puisqu'il y a de ces êtres sur l'une des planètes, c'est-à-dire sur notre terre, pourquoi n'y en aurait-il pas ailleurs ? En fait d'opinions probables, le *pourquoi non* de Fontenelle a une grande autorité. Cependant il est d'autres corps massifs et matériels que les planètes ; il y a les lunes et les soleils, sans compter les comètes : que nous apprend la science là-dessus ? Notre lune, notre seule lune, a été observée par le puissant télescope de lord Rosse, infiniment supérieur au télescope d'Herschel. Or voici ce qui résulte de l'exploration minutieuse de la surface de cette lune terrestre : d'abord point d'atmosphère, point d'air respirable, point de mers, de lacs, de fleuves, point de nuages, de pluies, de rosées. Voilà déjà bien des éléments qui manquent pour y admettre des êtres vivants analogues à ceux de la terre. Euler réclamait des télescopes de plusieurs centaines de pieds d'ouverture pour apercevoir les plus grosses bêtes de la lune. Un autre savant voulait une lunette de quatre kilomètres de long pour le même objet. Le télescope de lord Rosse ne rendrait pas sans doute visible un éléphant lunaire, mais un troupeau d'animaux analogue aux troupeaux de buffles de l'Amérique serait très visible ; des troupes qui marcheraient en ordre de bataille y seraient très perceptibles. Les constructions non-seulement de nos villes, mais encore des monuments égaux aux nôtres en grandeur, n'échapperaient pas à un œil astronomique dont la pupille a deux mètres d'ouverture. L'observatoire de Paris, Notre-Dame ou le Louvre s'y distingueraient facilement, et encore mieux les objets étendus en longueur, comme le cours de nos rivières, le tracé de nos canaux, de nos remparts, de nos routes, de nos chemins de fer, et enfin de nos plantations régulières. Les vicissitudes des saisons n'y ont point lieu, la pluie et la neige ne pouvant y tomber, puisqu'il n'y a point d'eau ; mais tous les changements dus à la végétation, s'il en existait, seraient observables, même à la vue simple. Qu'on se figure un homme transporté sur la lune et de là contemplant la terre en hiver et au printemps ; il verra succéder une teinte verdoyante à la couleur grise et terne du sol et des arbres dépouillés de feuilles : or rien de tout cela ne s'observe à la surface de notre satellite. Tous les points qui ont une teinte grise, jaunâtre, bleuâtre ou rougeâtre, ou noire, conservent obstinément et toujours la même teinte ; il n'y a aucune végétation, pas même celle de ces mousses sèches qui varient un

Jacques Babinet

peu l'aspect des roches brûlées de l'Afrique méridionale. Il n'y a pas un espace grand comme un de nos jardins de médiocre étendue qui laisse apercevoir le moindre résultat de la vitalité. On n'y aperçoit non plus aucune construction qui ne soit due au hasard, aucune forme qui dénote une intention de la part de l'opérateur. Ainsi, en jugeant par les faits, nous pouvons affirmer que la lune n'est point habitée.

Mais, dira-t-on, à quoi sert-elle, et pourquoi avoir fait la dépense d'une si grande masse, dont le volume est la cinquantième partie de celui de la terre ? A cela, beaucoup de personnes répondront qu'elle sert à éclairer la terre, à guider les marins sur l'océan en leur donnant la longitude, enfin à exercer les mathématiciens sur une théorie prodigieusement difficile. Toutes ces raisons seraient excellentes ; mais alors pourquoi n'avoir pas donné de lunes à Mercure, à Vénus et à Mars, à Vénus surtout, qui, pour la grosseur, pour le poids et pour la place dans le monde solaire, peut être considérée comme la sœur de notre Cybèle ? J'aime bien mieux répondre que je n'en sais rien du tout. Socrate disait : La seule chose que je sais, c'est que je ne sais rien. Je suis plus avancé que Socrate sur le sujet en question, car non-seulement je ne sais rien, mais encore je suis certain que les autres n'en savent pas plus que moi. En nous tenant à l'*opinion probable*, nous conclurons que tous les faits nous portent à croire que notre lune, et, par analogie, toutes les autres lunes du système solaire, n'ont point d'habitants. Ceci contredit formellement la *seconde soirée* de Fontenelle, « que la lune est une terre habitée. » La création est assez riche pour se passer d'utiliser des lunes comme habitation. Nos ancêtres disaient : Il n'y a pas de bonne maison où il ne se perde quelque chose.

Nous venons de voir que la lune n'est ni habitable ni habitée. Cette vérité nous servira à modérer l'ardeur de *peuplement*, si l'on peut s'exprimer ainsi, qui avait saisi beaucoup d'esprits bien faits sous l'empire de cette idée, que toute masse matérielle offrant une vaste surface avait pour destination finale de servir de sol à une population d'êtres vivants, soit végétaux, soit animaux. D'après cette idée, on voulut peupler le soleil lui-même. Au premier abord, il sembla que peupler le soleil, c'était vouloir établir des êtres vivants au milieu d'un feu de forge, ou sur la surface d'un bain de bronze ou de fer fondu qui brûle les yeux quand on le regarde, même à une assez grande distance. Huygens et Fontenelle disent nettement que le soleil est inhabitable. Heureusement pour les colonisateurs de soleils qu'il y a des taches dans le soleil. Ces taches sont le fond de vastes entonnoirs ou abîmes qui se forment dans l'enveloppe lumineuse de cet astre. Cette enveloppe ou couche lumineuse venant à se briser laisse voir le noyau du soleil, qui est d'un noir rougeâtre et ne paraît pas partager l'immense chaleur de l'enveloppe extérieure. Ce noyau peut donc, à toute force, être un lieu habitable, ou plutôt un lieu non inhabitable. La chose ne paraît pas cependant très facile à admettre dans le voisinage et au-dessous d'une enveloppe si ardente, et qui, à une si grande distance, donne aux régions tropicales de la terre des feux si ardents. On conviendra du moins que s'il n'y a pas impossibilité, il n'y a aucune induction, aucune analogie qui nous fasse admettre les habitants du soleil, ni ceux de tous les mille millions de soleils que le télescope nous montre un à un, sans compter les épouvantables amas de ces astres qui, sous les noms de voie lactée, d'amas d'étoiles, de nébuleuses de toutes sortes, composent cette partie de l'univers matériel que nous apercevons de la place où nous sommes confinés dans cet univers. Mais si autour de chacun de ces soleils nous admettons des planètes, comme l'indique l'analogie de notre système solaire, et si nous peuplons ces planètes d'habitants et d'êtres raisonnables, à tous les degrés d'intelligence, je pense qu'il n'y a point d'esprit assez chagrin pour regretter la non-admission des habitants dans les soleils ou étoiles pas plus que dans les lunes ou satellites, et encore moins dans les comètes. Cette prodigieuse population de l'univers semblera en harmonie avec la grandeur infinie et toutes les autres qualités que notre pensée attribue irrésistiblement à la puissance créatrice.

Au premier abord, les habitants prétendus du soleil sembleraient isolés du monde entier, comme le sont les poissons qui vivent dans les eaux souterraines de la Dalmatie, ou bien ceux que les puits forés d'Égypte amènent à ciel ouvert ; mais le docteur Brewster ne refuse même pas aux habitants du soleil la jouissance des contemplations astronomiques. Dès que l'enveloppe lumineuse se brise pour former ce que nous appelons une tache, ils peuvent, suivant M. Brewster, saisir ce moment pour observer le monde extérieur, à peu près comme les habitants de certaines localités

Jacques Babinet

couvertes de brouillards presque continuels profitent de quelques rares éclaircies pour contempler les régions célestes étrangères à la terre. Dans le *Voyage au Spitzberg* de Mme Léonie d'Aunet, on indique à l'auteur, qui se trouve alors à Havesund, près du Cap-Nord, une circonstance qui ne se produit que quand le soleil brille. — Et le soleil brille-t-il souvent à Havesund ? demande la voyageuse. — Cinq ou six fois par an, madame ! — Telle est la réponse. En somme, je n'ai pas grande foi dans les progrès que peut avoir faits la science astronomique chez les habitants très hypothétiques du soleil, et avant de les interroger sur les mouvements célestes, il serait convenable de leur adresser la bizarre question du Macbeth de Ducis : « Existez-vous ? »

L'essai du docteur Whewell, la réfutation un peu vive de sir David Brewster, sont deux ouvrages essentiellement théologiques. L'un et l'autre auteurs ont profité de la nature du sujet pour faire un docte tableau astronomique et géologique du monde et de la terre. Le point de départ du docteur Whewell se trouve dans les *Sermons* ou *Discours astronomiques* du docteur américain Chalmers, qui a pris pour texte ces belles paroles du psalmiste : « Quand je considère, ô Seigneur, les cieux qui sont l'œuvre de vos mains, la lune et les astres que vous avez mis en ordre, je me dis : Qu'est-ce que l'homme pour que vous pensiez à lui, et que sont les enfants des hommes pour que vous les visitiez ? »

Le docteur Chalmers passe de la toute-puissance du créateur à sa bonté, et, admettant que toutes les masses célestes sont peuplées, il fait le tableau de ce domaine infini de la Divinité ; il la montre étendant son empire sur une infinité d'êtres raisonnables qui par la pensée communiquent avec elle de tous les points de l'univers. Cette vaste domination élirait le docteur Whewell. Il prend à la lettre les paroles du psaume, et en conclut que, si les hommes sont confondus avec tant d'autres êtres raisonnables et plus ou moins élevés en intelligence, ils auront une importance si petite, qu'ils seront comme n'existant pas.

…Inconnu dans ce lieu,

Je ne pourrai donc plus être vu que de Dieu !

et Dieu même ne se donnera pas la peine de faire attention à notre minime planète. Il ne faut donc pas accepter cette position secondaire ; il faut, malgré toutes les analogies, ne peupler que notre globe d'êtres pensants.

De notre coin de l'univers, même avec des télescopes moyens de deux pieds anglais d'ouverture, nous distinguons cinq ou six mille amas d'étoiles semblables à notre voie lactée et contenant chacun plusieurs millions de soleils. Chacun de ces soleils est le centre du mouvement de nombreuses planètes semblables aux planètes de notre soleil. M. Whewell admet tout cela ; mais de tout ce nombre infini de planètes il n'en choisit aucune pour la peupler. Il entre dans l'amas d'étoiles ou voie lactée qui contient notre soleil. Il passe à côté du brillant Sirius, dont la lumière, suivant le calcul rectifié de sir John Herschel, est plus de cent quarante-six fois la lumière de notre soleil. Il néglige ce puissant soleil et ses planètes, il arrive à Phœbus, *notre petit soleil ; il choisit une de ses planètes pour la peupler d'êtres intelligents. Il semble que l'immense Jupiter, le grand Saturne. Uranus ou Neptune, tous bien supérieurs à la terre, à Vénus, à Mars et à Mercure devraient obtenir la préférence : point. Il y a une petite masse planétaire grosse comme la quatorze-cent-millième partie du soleil et n'ayant en masse que la trois-cent-soixante-millième partie de cet astre : c'est elle qui l'emportera sur l'univers entier. Seule de tout l'univers, elle nourrira des habitants intelligents et doués d'une âme. Ne serait-ce point parce que notre astronome théologien est un habitant de la terre que celle-ci a obtenu de lui une concession si flatteuse ? Et s'il fut né sur Mars ou Vénus, notre Cybèle eût-elle été si bien traitée ? « Vous êtes orfèvre, monsieur Josse ! » N'est-ce pas rompre avec toutes les indications d'analogies, avec toutes les présomptions de vraisemblance, avec toute la philosophie d'induction, que de peupler la terre et de la peupler seule ?*

Ne croyez pas cependant que l'auteur de l'*Essai* prive les autres planètes d'êtres vivants. Il en donne, suivant son gré et d'après des considérations arbitraires dont il est seul juge, à Jupiter et aux autres planètes de notre système ; mais ce ne pouvaient être des hommes ou des êtres intelligents : ces planètes sont trop loin on trop près du soleil. Or, d'après ce raisonnement même, si on choisissait dans un autre système une planète tournant autour d'un autre soleil que le nôtre, mais qui fut dans des conditions analogues à notre planète, M. Whewell n'aurait aucune raison de lui refuser des habitants intelligents. Voilà donc la pluralité des populations douées d'intelligence qui reparaît forcément ! On ne songe pas à tout.

Mais, dit ce théologien, il est plus commode de dépeupler l'univers que de faire accorder la pluralité des mondes avec ce que nous savons de la rédemption et du péché de l'homme. — A cela, M. Brewster répond que peut-être la terre n'a eu que le privilège d'être le local où s'est accompli le sacrifice qui a opéré la rédemption des âmes du genre humain, et que de là cette rédemption a été valable pour les âmes de tous les habitants de toutes les planètes, de tous les satellites, de tous les soleils de l'univers entier, car sir David ne veut rien laisser d'*impeuplé* d'âmes, pas plus que M. Whewell ne veut rien laisser de peuplé, si ce n'est notre terre. Il faut avouer cependant que ce serait donner à cette petite planète une importance théologique bien grande et peu vraisemblable. Il y aurait sans doute un moyen de se tirer d'affaire : ce serait d'admettre que les habitants de toutes les planètes autres que la terre n'ont point commis le péché qui a nécessité la rédemption pour nous ; mais alors notre terre serait notée d'un sceau exclusif de réprobation que ne veut point admettre le savant écossais. Un autre extrême serait de damner tout l'univers, sauf le genre humain ; mais c'est bien rigoureux ! En somme, il faut laisser la théologie aux théologiens, qu'ils s'accordent entre eux ou non.

Non nostrum inter vos tantas componere lites !

Je prie le lecteur de croire que dans un sujet si sérieux je n'ai indiqué qu'avec réserve et avec le respect dû à la chose en litige, les arguments des deux adversaires. Ils n'ont pas été aussi circonspects à beaucoup près, et on peut même taxer de légèreté les assertions qu'ils se permettent sur les convenances et les circonstances de la rédemption ou des rédemptions qu'ils admettent ou nient, ainsi que sur *celui* par qui s'est opéré, oui ou non, le rachat des âmes pécheresses sur la terre et ailleurs. N'imitons pas ce laisser-aller de théologie protestante. Remarquons que Fontenelle, qui expressément peuplait la lune d'êtres intelligents, s'était tiré d'embarras en vrai Normand et sans beaucoup de peine, en déclarant que les habitants de la lune n'étaient pas des hommes, et que par suite il n'y avait rien à leur appliquer de ce qui concerne l'humanité. Aussi n'essuya-t-il aucune censure théologique ou métaphysique.

Passant maintenant à la métaphysique, ordre d'idées moins scabreux que les idées théologiques, est-il possible de méconnaître toutes les raisons qui militent en faveur de l'opinion qui admet la pluralité des mondes ? Pour raisonner solidement, jugeons d'après les faits. Nous voyons sur notre terre d'abord des substances matérielles soumises aux lois de la mécanique, de la physique et de la chimie. De ce nombre sont les parties solides qui constituent les continents, les eaux des mers et des fleuves, les gaz de l'atmosphère et ceux qui s'exhalent de la terre ; c'est le règne inorganique, le règne minéral ; la vie n'est nulle part. Tel était le globe au moment des formations primitives. Ce globe ayant marché vers une période de refroidissement, la vie y a paru par les végétaux d'abord, lesquels n'ont que le principe vital en sus de la substance matérielle. Il est convenable de penser que le créateur avait dans sa prescience organisé tout pour que, dès que le principe de la vie pourrait apparaître dans le monde, la possibilité de la vie se transformât en réalité. En un mot, il semble convenable à l'idée que nous nous faisons de la sagesse suprême qu'il n'ait pas été besoin alors d'une nouvelle opération. On en dira autant pour le principe de l'instinct ou de la volonté, que les animaux possèdent à l'exclusion des végétaux, et qui s'est développé spontanément au moment où les animaux ont pu vivre sur la terre ou dans les eaux. Plusieurs catastrophes, dont les profondeurs de la terre gardent des témoignages, ont modifié à plusieurs reprises la vie animale et la vie végétale jusqu'à la dernière et récente catastrophe qui a introduit sur la terre l'homme, c'est-à-dire l'âme, principe distinct de la vitalité des plantes et de l'instinct des animaux. Si haut que ce principe d'intelligence place l'homme, il est encore assez inférieur à la puissance créatrice pour qu'on puisse admettre que l'âme est entrée sur la scène du monde au moment où une organisation convenable s'est produite suivant les prévisions de l'auteur de la nature, ce qui est une création tout aussi réelle, mais bien plus noble, que la fabrication immédiate de l'être humain, que rien d'ailleurs n'empêche de regarder comme symbolique.

Je ne puis éviter de répéter ici que ces quatre grands principes du monde terrestre, — la matière brute, le principe de la vie, le principe de l'instinct et l'âme, — peuvent être définis expérimentalement, c'est-à-dire d'après les faits. On peut établir que le principe de vie,

Jacques Babinet

commun aux végétaux, aux animaux et à l'homme, est caractérisé par sa dérogation aux lois de la physique, de la chimie et de la mécanique, qui gouvernent les substances purement matérielles. Le principe de l'instinct ou de la volonté peut être défini comme étant le principe que les animaux et l'homme possèdent, à l'exclusion de la matière inorganique et des végétaux. Enfin on peut considérer l'âme comme étant l'essence intellectuelle que possède l'homme, à l'exclusion de tous les autres êtres de la création actuelle.

Comme, à chaque changement de scène qui a eu lieu sur notre globe, des êtres de plus en plus parfaits y ont apparu, l'analogie et l'imagination entrevoient avec complaisance l'apparition d'un être plus parfait, doué d'un principe nouveau, qui serait autant supérieur à l'âme que celle-ci est au-dessus de l'instinct animal. Alors, par rapport à ce nouveau souverain de la terre, l'homme ne serait que ce que le chien est à l'homme. M. Whewell semble caresser complaisamment cette idée, qui du reste n'est pas neuve ; mais en tout cas, et heureusement pour nous, il faudra longtemps attendre la réalisation des belles destinées de notre terre, car cette mutation d'êtres coïnciderait sans aucun doute avec une nouvelle catastrophe de la surface terrestre qui changerait la nature de l'air et la proportion de ses gaz. Or la dernière catastrophe est tellement récente (puisqu'on ne peut la faire remonter beaucoup au-delà de six mille ans), que l'ordre physique actuel est établi pour bien des milliers et sans doute pour bien des millions d'années. Nous en avons la preuve dans les immenses périodes de temps qu'ont exigées les formations intermédiaires entre deux époques de catastrophes superficielles de la terre, temps qui sont presque incalculables.

Mais, dira-t-on encore, s'il suffit d'un changement brusque dans l'air, dans la chaleur et dans les autres circonstances météorologiques de la terre pour changer la forme de la vie animale et végétale, et même pour introduire des principes nouveaux, n'y aurait-il pas un moyen artificiel d'opérer, dans un espace limité, des changement considérables et brusques qui pourraient modifier nos espèces existantes ? Admettons par exemple que, rassemblant un grand nombre d'insectes ou de petits animaux vertébrés de tout âge, de tout état de santé et de maladie, on change tout à coup l'air qu'ils respirent, tant pour sa nature chimique que pour sa température et son arôme. S'il y a, par exemple, mille individus, il n'en subsistera que vingt, — peut-être dix, — peut-être encore moins, — après cette rude épreuve ; mais admettons qu'un seul même y résiste et qu'il soit fort jeune : voilà un animal qui se développera dans un milieu tout différent du premier, et qui pourra changer considérablement sa nature primitive, et cela sans attendre une nouvelle catastrophe, sans en courir les risques, sûrement mortels pour notre espèce. Nous pourrions savoir ainsi quelque chose de nouveau sur une matière bien importante. J'ai déjà parlé aux lecteurs de la *Revue* des immenses chambres de cristal dans lesquelles M. Ville fait végéter les plantes, dont il observe les actions organiques sur l'air, avec les rayons du soleil comme à ciel ouvert. Eh bien ! si dans des appareils semblables on soumettait des plantes ou des animaux aux épreuves que je viens d'indiquer, qui sait ce qu'on en apprendrait ? Paracelse avait, dit-on, dans un bocal, un petit homme qu'il avait produit à l'aide de la chimie, et qu'il consultait avec avantage. Évidemment c'était un tour d'escamotage. En admettant toutefois que des expériences de cette nature pussent réussir, ne serait-il pas extrêmement curieux d'évoquer pour ainsi dire à l'avance une partie de la future population du monde ? Je suis parfaitement sûr d'avoir entendu dire *en bon lieu* que l'homme était un ancien crocodile, qui, à la dernière catastrophe, s'est transformé et développé dans son organisation de manière à s'allier avec le nouveau principe, c'est-à-dire la pensée. Alors les diverses races humaines seraient descendues de divers crocodiles plus ou moins modifiés dans le changement météorologique du globe !

Mais gardons-nous de rire en ce grave sujet,

J'ai toujours soutenu victorieusement cette thèse, qu'il faut savoir ignorer. Toutes les fois qu'un fait nouveau, une découverte scientifique quelconque se fait jour, on lui demande le secret de bien des choses qu'elle est impuissante à révéler. Combien de fois n'a-t-on pas en médecine espéré obtenir des cures merveilleuses par l'électricité, le galvanisme et les influences nerveuses avec ou sans le concours de l'imagination ! On a de même espéré que les découvertes de la chimie, de la physique et de l'astronomie surtout nous éclaireraient sur des questions métaphysiques ou théologiques que l'esprit humain poursuit en vain depuis le commencement du monde. Aucun succès n'a couronné ces espérances. Nous n'en savons pas plus que nos pères sur ce qui

Jacques Babinet

regarde l'essence des choses, ou si l'on veut, sur l'absolu. Le secret des progrès récents des sciences est tout entier dans la recherche des vérités de comparaison, qui sont bien plus accessibles à l'esprit humain que ce qui touche à l'essence même des choses. Ainsi, sans avoir besoin de notions sur la nature intime du temps, je puis mesurer une durée et dire combien elle confient de jours, d'heures, de minutes et de secondes. C'est donc en vain que l'on demanderait aux théories astronomiques le secret ou plutôt les secrets de l'humanité. Les lumières qu'elles nous offrent ne peuvent servir qu'à reconnaître l'erreur ou l'imposture de ceux qui ont tiré de quelques parties de la science sidérale des moyens d'influence peu légitimes, comme les devins et les astrologues.

Nous ne voyons donc pas comment la croyance à la pluralité des mondes peut être, — ainsi que sir David Brewster l'affirme dans le titre de son livre, — le *credo* du philosophe et l'espérance du chrétien. Les inductions scientifiques qui peuvent fixer les présomptions et déterminer la conviction sur cette matière n'ont rien à dire pour la destinée future de l'homme. Comme tous les ouvrages de la nature, ces idées peuvent porter à l'admiration de l'univers et de la puissance créatrice. Néanmoins, sous ce point de vue même, la nature animée offre des effets d'organisation et de prescience bien au-dessus de tout ce que les mouvements des corps célestes peuvent nous révéler. Si l'esprit humain a triomphé dans les théories astronomiques malgré les distances et les influences mutuelles, c'est que le sujet était comparativement aisé et saisissable par les formules mathématiques ; mais prenez le moindre grain de blé, et tâchez de pénétrer le mystère de ces germes qui se perpétuent à l'infini en se multipliant, se divisant et se reproduisant toujours les mêmes ! Quelles causes motrices emmagasinerez-vous par la pensée dans des espaces si infiniment petits pour qu'il en résulte ce qu'on observe ? La pénétration de la pensée vient bien vite se briser contre de tels obstacles à la connaissance de la vérité, et bon gré mal gré on est promptement réduit à *ignorer*.

L'un et l'autre des ouvrages qui m'ont servi de texte se terminent par un chapitre sur les destinées futures de l'univers. Voici les curieux points de vue sous lesquels M. Brewster envisage l'état futur de l'homme après cette vie : « l'astronomie, dit-il, réunit à un haut degré les intérêts du passé, du présent et de l'avenir !...

De la Pluralité des Mondes

L'Écriture sainte n'a point parlé d'une manière explicite de la future résidence des élus, mais la raison a combiné les notions éparses qu'ont laissé échapper les inspirés, et avec une voix presque d'oracle elle a proclamé que l'auteur des mondes placera les êtres de son choix dans les mondes qu'il a créés... La raison nous porte à croire que notre corps matériel, qui doit ressusciter, sera sujet encore aux lois de la nature et résidera dans une demeure matérielle... C'est l'astronomie seule qui découvre à l'œil du chrétien la mystérieuse étendue de l'univers, et lui crée un paradis compréhensible dans un monde à venir. » Voilà des idées bien nouvelles et des spéculations d'une intelligence qui ne peut s'arrêter dans un doute prudent et dans une incertitude pénible ! A ceux qui nous demanderaient s'il faut croire à la réalité de cette organisation de l'avenir, nous dirons avec Fontenelle : « Pourquoi non ? »

La conclusion du révérend Whewell est parfaitement opposée : il pense que la science et la philosophie ne peuvent point donner à l'homme la conviction d'un avenir glorieux. Il reconnaît cependant que si les inductions scientifiques prouvent quelque chose, c'est que le créateur peut produire un être aussi supérieur à l'homme que l'homme dans la plénitude de la perfection l'est aux brutes, et de plus que l'intelligence humaine est d'une nature divine et par suite impérissable. M. Whewell semble attendre pour l'homme une transformation en un être de nature supérieure. *Fiat* !

Quelle est donc, dans l'état actuel de la science, la conclusion à laquelle on doit s'arrêter relativement à la pluralité des mondes ? D'abord nous ferons observer qu'il n'est nullement nécessaire d'avoir une opinion arrêtée là-dessus ni pour la théologie, ni pour la métaphysique, ni pour la philosophie, pas même pour le progrès des sciences d'observation. Cette proposition une fois établie, si une curiosité bien louable nous porte à rechercher la vérité ou plutôt la vraisemblance dans les questions de cet ordre, nous dirons qu'il est probable et même presque certain que les planètes qui entourent notre soleil et toutes les étoiles sont habitées comme la nôtre et avec tous les degrés d'intelligence et toutes les variétés d'organisation que l'on peut admettre. Quant aux soleils et aux lunes, nous n'avons aucune induction qui nous conduise à les peupler.

Fontenelle fait très bien observer qu'on n'a aucun moyen de se figurer les êtres vivants des planètes autres que la terre. Au

Jacques Babinet

commencement de ce siècle, une expédition française partit pour explorer le continent qu'on appelle aujourd'hui l'Australie. On y trouva des cygnes noirs, des animaux à poils ayant un bec d'oiseau et pas de dents, comme serait, un chien de moyenne taille ayant un bec de canard. De plus les quadrupèdes ne se reproduisaient ni par des œufs ni par des petits vivants. Après une espèce d'avortement, les fœtus se plaçaient dans une poche membraneuse située près de l'organe d'allaitement, et y complétaient dans une adhérence prolongée le développement que les petits des animaux prennent ici avant de naître. Les carnassiers eux-mêmes participaient à cette sorte d'organisation ; où étaient les beaux aphorismes d'Aristote sur la coexistence des organes et sur l'exclusion que l'un donnait à l'autre ? Et cependant on n'avait point changé de planète : que serait-ce si on abordait un monde nouveau ?

La logique seule suffit bien souvent pour embarrasser les fabricateurs d'habitants des mondes étrangers. Ainsi, comme le soleil a son diamètre égal à cent douze fois celui de la terre, on le gratifiait d'habitants ayant une taille égale à cent douze fois la nôtre, ce qui, pour les beaux hommes solaires, faisait une hauteur de 200 mètres, c'est-à-dire environ trois fois les tours de Notre-Dame de Paris ; mais comme la pesanteur est à la surface du soleil environ vingt-huit fois ce qu'elle est sur la terre, qu'un habitant de la terre serait sur ce vaste globe comme s'il portait sur ses épaules le poids de vingt-huit de ses semblables, et que par suite il ne pourrait se tenir debout, force fut de réduire les indigènes solaires, et de géants qu'on les avait d'abord imaginés, d'en faire des pygmées. Au lieu de titans bâtissant des coupoles de la hauteur du Mont-Blanc, c'étaient des peuples de la taille de nos rats, se traînant péniblement vers de petits édifices péniblement construits ; en un mot, c'était tout l'opposé de la première idée. Cette même objection subsiste encore pour les habitants de Jupiter, que M. Brewster, à tout hasard, fait très grands, car la pesanteur est sur Jupiter deux ou trois fois celle que nous avons ici, et les promeneurs à vide seraient déjà assez embarrassés de se porter eux-mêmes, à moins qu'on n'imaginât des forces vitales et musculaires tout autres qu'ici-bas, ce qui ne s'accorderait pas avec les propriétés physiques de la matière.

C'est à cette ressource que sont réduits les colonisateurs obstinés de notre lune. Ils y mettent des habitants qui vivent sans eau, sans

De la Pluralité des Mondes

air, sans nourriture, puisqu'on n'y voit aucune végétation. Tout le monde sait qu'excepté le sel, qui est un assaisonnement, tous nos aliments quelconques proviennent d'êtres vivants, soit plantes, soit animaux. Les lunariens, comme on les appelle, seraient donc réduits à lécher les rochers volcaniques de leur immuable contrée ; mais de plus ils ne doivent avoir marqué aucune empreinte de leurs pas sur des sentiers ou des chemins perceptibles à nos instruments ; enfin ils doivent eux-mêmes être invisibles, même en troupes nombreuses, car autrement ils tomberaient sous nos sens. Je n'ai pas présent à la mémoire le nom du savant qui voulait disposer dans les steppes de la Russie des signaux de feu en figures géométriques pour provoquer les lunariens à une correspondance. D'après ce que nous venons d'dire, la seule réponse qu'on pourrait en attendre, c'est qu'ils n'existent pas.

Il est une espèce de raisonneurs qu'il n'est pas facile de contenter, ce sont les partisans des causes finales, ou plutôt ceux qui veulent les introduire partout. Si vous ne mettez pas d'hommes dans la lune, vous disent-ils, à quoi voulez-vous faire servir ce bel astre, qui d'un bord à l'autre a plus de. 3,000 kilomètres, et dont la masse, fixée récemment par M. Le Verrier, est la quatre-vingt-quatrième partie de la masse de la terre !? C'est comme si l'on perdait ici-bas une ou deux des quatre parties du monde. L'objection parait pressante ; mais ceux qui la font s'exposent à ce qu'on leur demande à quoi a servi la terre elle-même pendant bien des siècles, puisqu'il n'y a que six mille ans environ qu'elle est peuplée par la race humaine ? Est-il donc si difficile d'admettre le doute et l'indécision parmi les éléments de la raison ?

Je terminerai par quelques mots sur l'*habitabilité* des comètes. En général on n'y a pas mis des habitants avec autant d'insistance que sur la lune. Il en est bien un peu question dans les *entretiens* de Fontenelle ; mais s'il est une constitution physique qui n'admette pas de supposition pareille, c'est certes celle des comètes. On ne peut trop redire que la matière qui compose ces astres est tellement légère, tellement gazeuse, tellement disséminée, qu'il n'y a aucune imagination qui puisse se figurer cet excès de rareté. Plusieurs bons esprits se sont plu à entretenir les craintes anciennes que causait leur apparition, et ils ont recherché ce qui arriverait dans le cas du choc d'une comète avec la terre. Ils voyaient aussitôt les mers sortir de leurs bassins et balayer le monde. L'inclinaison de l'axe de la terre changeait. Une rotation nouvelle se produisait ; il y avait un nouvel équateur, un nouvel écliptique. Tout ceci arrivait parce qu'on faisait de la comète un corps consistant et massif comme la terre. Or la masse d'une comète est tellement petite ! , que la terre, en la choquant, ne serait pas plus ébranlée dans sa stabilité qu'un convoi immense sur un chemin de fer ne l'est de la rencontre d'un moucheron. Il me suffira d'ajouter à tout ce que j'ai déjà dit là dessus ces paroles de sir John Herschel [1] : « La queue d'une grande comète, autant que nous pouvons nous en faire une idée, se compose d'un petit nombre de livres de matière, peut-être même seulement de quelques onces ! » D'autre part, le poids de la terre est de cinq mille sept cents milliards de milliards de tonnes, ou, en chiffres, 5,700000,000000,000000,000000 de kilogrammes.

Mais ici connue partout le charlatanisme d'un côté, le besoin d'émotions de l'autre, l'emporteront toujours sur la froide vérité.

---

1 *Outlines of Astronomy*, art. 559.

ISBN : 978-1540552372